十大水禽病
诊断及防控图谱

王小波 吴艳涛 主编

U0306417

中国农业科学技术出版社

图书在版编目（CIP）数据

十大水禽病诊断及防控图谱/王小波，吴艳涛主编.—北京：中国农业科学技术出版社，2015.1
（十大畜禽病诊断及防控图谱丛书）
ISBN 978-7-5116-1910-5

Ⅰ.①十…　Ⅱ.①王…　②吴…　Ⅲ.①水禽—禽病—诊治—图谱
Ⅳ.① S858.3-64

中国版本图书馆 CIP 数据核字（2014）第 275156 号

责任编辑　闫庆健　李冠桥
责任校对　贾晓红

出 版 者　中国农业科学技术出版社
　　　　　北京市中关村南大街 12 号　邮编：100081
电　　话　（010）82106632（编辑室）（010）82109702（发行部）
　　　　　（010）82109703（读者服务部）
传　　真　（010）82106625
网　　址　http://www.castp.cn
经 销 者　各地新华书店
印 刷 者　北京昌联印刷有限公司
开　　本　710 mm×1 000 mm　1/16
印　　张　3.25
字　　数　60 千字
版　　次　2015 年 1 月第 1 版　2015 年 1 月第 1 次印刷
定　　价　19.80 元

《十大水禽病诊断及防控图谱》
编 委 会

主　　编：王小波　吴艳涛

副 主 编：王彦红　张小荣

参编人员（按姓氏笔画排序）：

陈素娟　高　崧　高清清

焦库华　陶建平

主编简介

　　王小波，男，1976 年出生，内蒙古自治区赤峰市人。扬州大学兽医学院讲师。现为"中国兽医病理学家"分会成员，"教育部动物疫病科技创新团队"成员及国家蛋鸡产业技术体系疾病控制研究室成员。主要从事兽医病理学及动物疫病发病机理的研究，以主要完成人参加完成多项国家自然基金项目。发表论文36 篇，其中 SCI 收录 8 篇；主持参编专著和教材 11 部，其中副主编 2 部。

前　言

　　选择严重影响近几年水禽养殖健康发展的十大水禽病作为本书的内容。

　　通过十大疾病的临床症状、剖检变化和病例对照等不同方面的内容，简单而直观的展示疾病的本质特征。

　　本书的十大水禽疾病可为快速准确有效的诊断、预防、治疗和控制这些疾病提供参考依据。本书可以作为水禽养殖场技术人员、畜牧兽医工作者以及大中专院校师生进行水禽病防控的工具书。

　　由于编写时间较短，书中若有不妥之处，恳请师生和广大读者批评指正。

编　者

2014 年 12 月

目　录

一、禽流感

（一）临床症状

禽流感是由禽流感病毒引起水禽（鸭和鹅）全身感染的高死亡率的烈性传染病。所有品种鸭不同程度感染，但不同品种鸭对 H5 亚型禽流感病毒引起的高致病性禽流感死亡率不同。患病鸭突然发病，食欲减退或废绝，精神委顿，羽毛松乱。排黄白色或黄绿色稀粪。不同日龄的鹅亦会感染，感染后因抵抗力强弱而表现不同，患病鹅眼结膜潮红或出血，头面部肿大。产蛋期感染鸭、鹅均表现为产蛋率下降。

（二）剖检病变

H5 亚型禽流感病毒引起水禽出现全身重要的器官和皮肤的出血和坏死性变化。主要表现在脚鳞片、胸肌、腿肌、心脏、肝脏、胰腺大面积出血和坏死。

（三）临床实践

禽流感主要发生在 1 月至 5 月底，9 月底到 12 月底，禽流感引起未免疫的成年鸭群大部分感染并伴有一定的死亡率，然而雏鸭和鹅群可能全群死亡。鸭、鹅感染 H5 亚型禽流感病毒后，会出现流泪、产蛋量下降，有神经症状。

（四）病例对照

图 1-1 至图 1-5 为 H5 亚型禽流感病毒感染水禽后的临床症状，患病雏鸭表现为精神沉郁（图 1-1），患鹅头颈扭曲（图 1-2），全身痉挛抽搐（图 1-3）；雏鸭排黄绿色稀粪（图 1-4、图 1-5）。

图 1-1　患雏鸭精神沉郁

图1-2　患鹅头颈扭曲

图1-3　患鸭全身痉挛抽搐

图1-4　患雏鸭排黄绿色稀粪

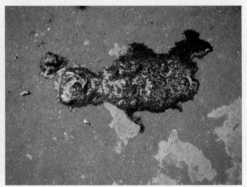

图1-5　雏鸭排黄绿色稀粪

图1-6至图1-22为剖检病理变化，主要为患病鸭胸肌表面有条纹状出血斑（图1-6），腹腔脂肪点状出血（图1-7）、腺胃水肿，腺胃乳头出血（图1-8）；患病鸭肝脏肿大淤血（图1-9），患鹅肝脏表面散在分布数量不等针尖大小的坏死灶（图1-10）；卵泡充血、出血和卵泡变性（图1-11、图1-12）；心外膜及心冠脂肪点状出血（图1-13、图1-14），心包积液（图1-15）、心肌呈不同程度的条纹状坏死（图1-15至图1-17）；胰腺肿大，表面密集分布针尖大小出血点（图1-18、图1-19），有时表面可见数量不等、大小不一的灰白色坏死灶（图1-20）；脾脏肿大淤血，有灰白色坏死点（图1-21）；肾脏稍肿大出血（图1-22）。

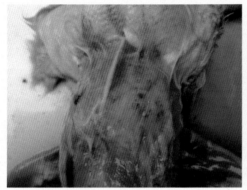

图 1-6　患病鸭胸肌表面有条纹状出血斑

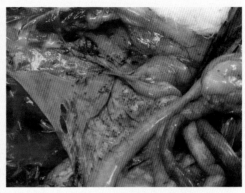

图 1-7　患病鸭腹腔脂肪点状出血

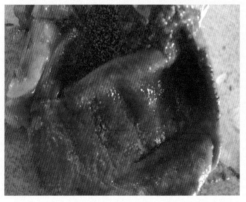

图 1-8　患病鸭腺胃水肿，腺胃乳头出血

图 1-9　患病鸭肝脏肿大淤血

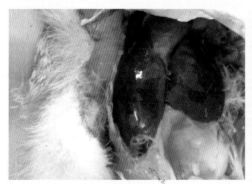

图 1-10　患鹅肝脏表面散在分布程度不等针
　　　　 尖大小的坏死灶

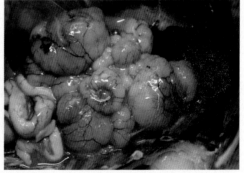

图 1-11　患病鸭卵泡充血、出血

图 1-12　患病鸭卵泡充血、出血和卵泡变性

图 1-13　患病鸭心外膜及心冠脂肪点状出血

图 1-14　患病鹅心冠脂肪点状出血

图 1-15　患病鸭心包积液，心肌条纹状坏死

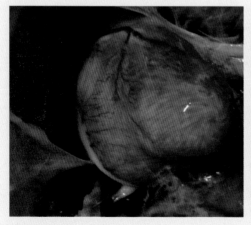

图 1-16　患病鸭心肌条纹状坏死

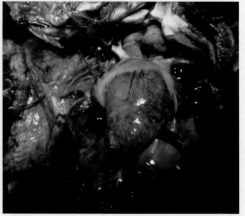

图 1-17　患病鸭心肌条纹状坏死

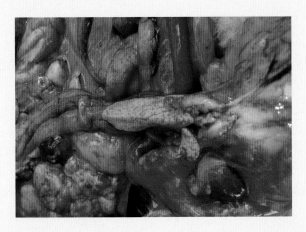

图 1-18　患鸭胰腺肿大，表面密集分布针尖大小出血点

图 1-19　患鸭胰腺表面大小不一的出血点

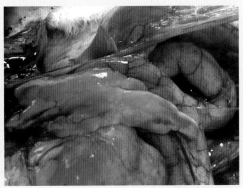

图 1-20　患鹅胰腺表面可见数量不等、大小不一的灰白色坏死灶

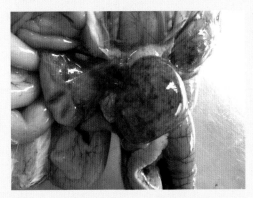

图 1-21　患鸭脾脏肿大淤血，有灰白色坏死点

图 1-22　患鸭肾脏肿大出血

（五）防控措施

禽流感病毒宿主范围广，且危害严重，各级兽医机构及其他相关部门、养殖场、散养农户均需采取综合措施预防禽流感的发生。

1.加强检疫

国家海关加强进口的家禽、野禽、观赏鸟类、禽种蛋、精液、禽肉以及来自禽类的生物制品和相关产品的检疫。加强国内各生产地和流通环节的检疫。兽医检疫部门加强对家禽产地、活禽交易市场、屠宰加工厂等检疫。

2.免疫预防

各级兽医机构，特别是基层兽医机构，督促养殖场和散养农户将禽流感免疫防治工作纳入免疫计划，实行强化免疫，做好免疫记录和抗体抽查。平时准备应急预案和应急物资，把各项措施落实到实处，坚持疫情报告通知制度。一旦发现疫情，采取早发现、早诊断、早报告、早确认策略，确保禽流感疫情的早期预警预报；快，快速行动、及时处理，确保突发疫情快速处置；严，做到坚决果断，全面彻底，严格处置小，即确保疫情控制在最小范围，确保疫情损失减到最小。

3.发生疫情后

一旦发生疫情，立即启动应急预案，立即划定疫点、疫区、受威胁区。对疫点、疫区实行严格的封锁措施和消毒制度，对受威胁区用疫苗免疫建立免疫隔离带，防止疫情扩散。对于经确诊为低致病性禽流感，应采取与控制高致病性禽流感相似的措施，隔离封锁发病禽场或禽舍，加强消毒工作，改善饲养管理，在禽料中添加免疫增强剂，提高机体抵抗力。在禽流感流行过程中不主张治疗，以防疫情扩散。养禽场对禽流感的综合防控与其他病毒性疾病一样，接种疫苗是预防禽流感发生与传播的最有效手段，同时要加强生物安全措施。出现发病的鸭鹅场要全部扑杀、进行隔离和环境消毒。

4.疫苗免疫和抗体监测

任何类型的养殖户对于 H5 和 H9 亚型 AIV 的免疫预防不能有丝毫的怠慢和疏忽。对所有家禽要进行全群免疫，免疫确实。现有多种类型禽流感疫苗可供选择，如禽流感 H5-H9 二价灭活疫苗，重组禽流感病毒 H5 亚型二价灭活疫苗(H5N1，Re-5+Re-4株)，禽流感灭活疫苗(H5N1，Re-4株)，禽流感灭活疫苗(H5N1，Re-5株)禽流感-新城疫重组二联活疫苗(rL-H5)等。多种三联苗和四联苗中含有 H9 亚型抗原成分，这些疫苗免疫后，能提供长达 3~4 个月保护期，均能对目前相应亚型流行株的攻击提供有效保护。

制订合理的免疫程序，显得尤为重要。制定免疫程序时，当地和周边地区疫病流行情况是第一考虑因素。多联苗的使用。与简单的混合免疫比较，值得推荐使用的是含多种抗原成分的联苗。联苗中的每一单一组分是进行科学配比的，联苗中每一单一组分抗原产生的免疫力完全能达到相应单苗免疫后的效果，各组分的免疫效果绝不会有相互干扰，且价格低廉。现有多种蛋鸡用三联苗和四联苗获得相应的批准文号，并上市销售。

5. 生物安全

生物安全是第一道防线。确保生物安全是预防禽流感发生的重要措施，是较经济、有效的防制手段。生物安全措施涵盖上述的疫苗免疫、平时的带畜消毒、预防性投药、全进全出饲养制度、种禽的免疫和疫病状况、不同生长时期的温度控制和光照时间控制、平时卫生制度、降低粉尘和氨浓度、饲料和饮水消毒、饲养员和管理员的工作制度和措施、外来人员和车辆的消毒制度和措施以及最初的场址的选择等。

（1）养殖场的选址。由于禽流感病毒的宿主广泛，野生禽与家养禽均可感染。因此，对于养殖场的选址和相应的防护措施显得尤为重要。东南亚是禽流感高发地，这与东南亚地区人民的"后院模式"养殖习惯密切相关。在这种模式中，鸭、鹅、鸡和野禽同时存在。陆生禽与水禽共存，家禽与野禽共用水源、栖息地（活动场地），家禽与猪共用活动场地、饲喂场地。这种"后院模式"养殖方式提供了家禽与野生禽接触的机会，以及家禽与猪接触的机会。因此，养禽场应建在远离河道、湖泊的地方，养禽场周围不得饲养其他畜禽，避免所养家禽与其他畜禽和野生鸟类的接触，尤其应避免与水禽如鸭、鹅、野鸭等的接触，同时应严防野鸟出入。养禽场不可与养猪场距离太近，养禽场内不饲养生猪等。

（2）消毒。禽流感病毒对各类化学消毒剂均较敏感，是一种没有超常抵抗力的病毒，这有利于对禽流感病毒进行消毒和净化处理。因此，可以定期对禽舍、饲具和笼具进行预防性带畜消毒，药物如各类复合碘制剂等。对于无法更换的疑似污染的饮用水源可用漂白粉处理曝气后饮水。实行全进全出的饲养制度，并在空舍后对禽舍和笼具进行消毒。条件允许情况下，空舍一段时间，并在新进雏禽之前，对禽舍和笼具用甲醛熏蒸消毒处理。饲养员和管理员原则上不能窜舍，不能避免窜舍的情况下，要严格消毒。同时对于外来人员和车辆，以及新进的饲料采取相应的消毒处理。定期消灭养禽场内的有害昆虫，如蚊、蝇等和鼠类；死亡禽类应焚烧或深埋，其粪便和垫料应进行无害化处理。

（3）严格饲养管理制度。加强水禽的饲养管理，尽量减少应激因素的发生，提高水禽的抗病能力；注意秋冬、冬春季节气候的变化，做好保暖防寒和通风工作。水禽场坚持全进全出的饲养方式，以使接种的水禽获得较一致的免疫力和防止传染病的循环传播，在不能自繁自养的情况下，种禽要来源可靠，来自非疫区。

二、新城疫

（一）临床症状

发病水禽（鹅）表现为精神委顿，食欲减退，饮水量增加，行走无力，不愿下水，喜卧，排出带血色或绿色粪便。部分雏鹅发病后可见甩头、咳嗽等呼吸道症状，严重者见口腔流出水样液体。部分病鹅表现为扭颈、角弓反张或抽搐等神经症状。

（二）剖检病变

全身黏膜和浆膜出血，淋巴组织肿胀、出血和坏死。嗉囊充满酸臭、稀薄液体。腺胃黏膜水肿，腺胃乳头有出血点或坏死。整个肠道浆膜可见大小不等的结节，肠黏膜有广泛性坏死灶并伴有出血，盲肠扁桃体肿大出血。脾脏和胰腺恒有多发性坏死灶。大多数病鹅的法氏囊和胸腺萎缩。

（三）临床实践

鹅对新城疫病毒较为敏感。3日龄雏鹅感染新城疫病毒，死亡率较高，随着日龄增大，其发病率和死亡率均有所下降，但2周龄以内的雏鹅发病率和死亡率均可高达100％。鸭对新城疫病毒较为耐受，偶有零星发生。

（四）病例对照

图2-1至图2-4为临床症状，患鹅表现为精神委顿，行走无力，喜卧（图2-1），头颈扭曲、角弓反张（图2-2）。图2-3至图2-12为剖检病理变化，整个肠道浆膜可见大小不等的结节（图2-3至图2-6），肠黏膜有广泛性坏死灶并伴有出血（图2-7、图2-8）；腺胃黏膜水肿，腺胃乳头有出血点或出血斑（图2-9）；脾脏恒有多发性坏死灶（图2-10、图2-11）；胰腺表面可见灰白色坏死灶（图2-12）。

图 2-1　患鹅精神委顿，行走无力

图 2-2　患鹅头颈扭曲、角弓反张

图 2-3　小肠浆膜可见隆起的坏死结节

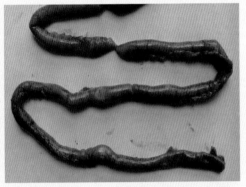

图 2-4　小肠浆膜可见大小不等的结节

图 2-5　小肠浆膜可见大小不等的结节

图 2-6　十二指肠浆膜可见肿大突起的结节

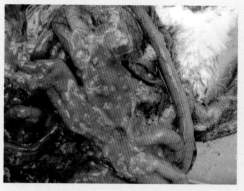

图 2-7　小肠黏膜有广泛性坏死灶并伴有出血

图 2-8　小肠黏膜有枣核状坏死灶

图 2-9　腺胃黏膜水肿，腺胃乳头有
出血点和出血斑

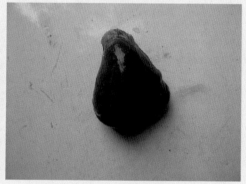

图 2-10　脾脏表面散在分布灰白色
大小不一的坏死点

图 2-11　脾脏表面散布灰白色坏死灶

图 2-12　胰腺表面灰白色坏死灶

（五）防控措施

1. 预防

（1）目前没有鸭、鹅源的新城疫疫苗，因此，建议鸭、鹅以免疫鸡新城疫油乳剂灭活苗为主，可在10~15日龄时免疫，每只鸭、鹅皮下或肌内注射0.3~0.4mL，如果鸭、鹅作为肉用，免疫一次即可，然而作为种用则必须在第1次免疫后2个月内应进行第2次免疫，此时应适当加大剂量，每只鸭、鹅注射0.6mL。种鹅在产蛋前10d左右，再注射一次灭活苗，每只鹅注射1 mL，以后4~5个月免疫1次。

（2）应加强饲养环境的管理，尽量切断传播途径，如勤通风、勤洁粪、勤消毒，选择高效无刺激的消毒液进行带鸭、鹅消毒。对于病死鸭、鹅和疫苗瓶等及时进行焚烧或深埋处理，防止循环感染。提高鸭、鹅群的整齐度，尽量选择优质饲料，让鸭、鹅群在生产前尽可能达到或接近标准体重，为维持良好的抗体水平打下坚实的基础。在产蛋期注意饲养管理，防止各种应激造成免疫力下降而感染。

2. 治疗

本病目前尚无特效药物用于治疗。对于病死鸭、鹅和疫苗瓶等及时进行焚烧或深埋处理，防止循环感染。此外，鹅群紧急接种鹅副黏病毒油乳剂灭活疫苗，同时肌内注射禽用干扰素，可减少死亡，可控制本病的流行。

三、鸭病毒性肝炎

（一）临床症状

发病初期表现为精神沉郁，软弱无力，缩颈垂翅，行动呆滞或跟不上群，严重病鸭多侧卧，发生全身性抽搐，两腿呈划水样动作，头向背部弯曲，呈典型的角弓反张的姿势。喙端和爪尖淤血呈暗紫色，部分病鸭死前尖叫，排黄白色和绿色稀粪。

（二）剖检变化

肝脏表现为体积肿大，质脆易碎，表面有出血点或出血斑和灰白色或灰黄色的坏死灶。胆囊肿大呈长卵圆形，充满墨绿色或褐色胆汁。脾脏肿大，表面呈斑驳状。胰腺表面及切面有针尖大小灰白色病灶，有时见散在分布的出血点或出血斑。肾脏肿大，有时可见尿酸盐沉积。

（三）临床实践

传播迅速并对雏鸭具有高度致死性的病毒病，以肝炎为其主要特征。主要发生于3周龄以下的雏鸭，1周龄以内雏鸭病死率可高达95%且死亡极快，4~5周龄的雏鸭很少发病，5周龄以上雏鸭及成年鸭感染后不发病。当临床症状出现抽搐后，一般约十几分钟即死亡。

（四）病例对照

图3-1、图3-2为临床症状，病鸭精神沉郁，呈昏睡状（图3-1），全身抽搐，两腿呈划水样动作，头呈典型的角弓反张姿势，排黄白色稀粪（图3-2）。图3-3至图3-12为剖检病理变化，包括肝脏肿大，呈土黄色（图3-3），肝脏表面有出血点或出血斑（图3-4至图3-6）和灰白色或灰黄色的坏死灶（图3-6至图3-8）。胆囊肿大，充满墨绿色胆汁。脾脏体积肿大（图3-9），表面呈斑驳状（图3-10）；胰腺表面及切面有针尖大小灰白色病灶（图3-11）；肾脏肿大，可见尿酸盐沉积（图3-12）。

图 3-1　病鸭精神沉郁，呈昏睡状

图 3-2　病鸭精神沉郁，排黄白色稀粪

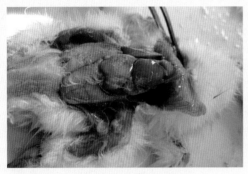

图 3-3　肝脏体积肿大，呈土黄色

图 3-4　肝脏表面有出血点或出血斑

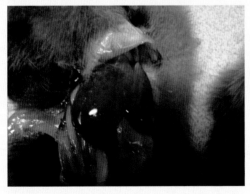

图 3-5　肝脏表面有出血点或出血斑

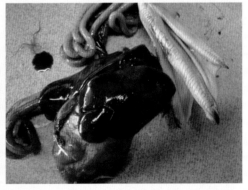

图 3-6　肝脏表面有出血点或出血斑

图 3-7　肝脏肿大，表面散布灰白色或灰黄色的坏死灶

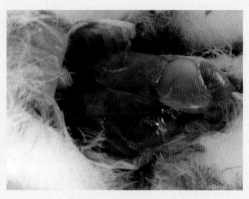

图 3-8　表面散布灰白色或灰黄色的坏死灶

图 3-9　脾脏体积肿大

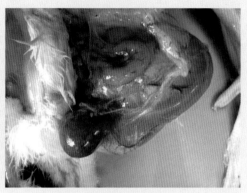

图 3-10　脾脏体积肿大，呈斑驳状

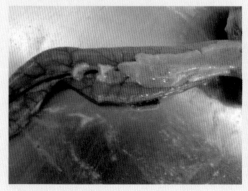

图 3-11　胰腺表面散布大小不等灰白色坏死灶

图 3-12　肾脏肿大，可见尿酸盐沉积

（五）防控措施

1. 预防

严格的防疫和消毒制度、坚持自繁自养和全进全出的饲养管理模式是预防本病的重要措施。

（1）从健康鸭群引进种苗，严格执行消毒制度。

（2）有效的预防措施是接种疫苗。可用鸡胚化鸭病毒性肝炎Ⅰ型弱毒疫苗给临产种母鸭皮下注射免疫，共2次，每次1 mL，间隔2周。未经免疫的种鸭群，雏鸭出壳后1日龄皮下注射0.5~1.0mL弱毒疫苗即可受到保护。在疫区对雏鸭也可于1~2日龄皮下注射DVH-1高免卵黄液或高免血清作被动免疫预防。在一些卫生状况较差，常发生病毒性肝炎的养殖场，雏鹅在10~14日龄时仍需进行一次主动免疫。

（3）一旦暴发本病，立即隔离病鸭，并对鸭舍或水域进行彻底消毒。

2. 治疗

对发病雏鸭群可用康复鸭血清、高免血清或标准DVH-1高免卵黄抗体注射治疗，同时注意控制继发感染，能起到降低死亡率、制止流行和预防发病的作用。

四、小鹅瘟

（一）临床症状

最急性型无任何前躯症状，病雏鹅突然倒地，两肢乱划，几小时后死亡。

急性型病雏鹅精神委顿、离群、嗜睡，食欲减退，甚至废绝，嗉囊松软，饮水增多。鼻孔流出浆液性分泌物，常摇头，甩鼻液。排灰白或黄绿色稀粪，全身有脱水症状，死前两肢麻痹或抽搐。

亚急性型病鹅以精神委顿、拉稀和消瘦为主要症状，稀粪中混有多量气泡和未消化的饲料及纤维碎片。

（二）剖检变化

最急性型：除肠道有急性卡他性炎症外，其他器官一般无明显病变。

急性型：急性病例表现为全身性败血症变化，心肌松弛，呈苍白色，无光泽。肝脏肿大，呈暗红色或黄红色，胆囊肿大，充满暗绿色胆汁。特征性病变为小肠发生急性卡他性、纤维素性坏死性炎症。小肠中下段整片肠黏膜坏死脱落，与凝固的纤维性渗出物形成栓子或包裹在肠内容物表面的假膜，堵塞肠腔，外观极度膨大，质地坚实，状如香肠。

亚急性型：亚急性型病例，其肠道的病理变化与急性型相似，且更为明显。

（三）临床实践

本病主要发生于鹅，以3~20日龄的雏鹅和雏番鸭发病多，病死率达75%~100%。最急性型常发生于3~5日龄雏鹅，急性型多发于5~15日龄雏鹅，亚急性型常见于流行后期15日龄以上的雏鹅。小肠中后段形成腊肠状栓子是本病的特征性病理变化，但早期变化以卡他性肠炎变化为主。若发现雏鹅在3~5天发病，即表示孵化房已被污染，应立即停止孵化并全面消毒。雏鸭对小鹅瘟病毒具有抵抗力。

（四）病例对照

图4-1至图4-3为临床症状，患病雏鹅表现为精神委顿、肛门周围羽毛有粪

图7-7　患鹅肝脏呈古铜色，表面散布
灰白色针尖状坏死点

图7-8　患鹅肝脏呈古铜色，胆囊肿大充盈

图7-9　患鹅脾脏肿大，表面散布灰白色
针尖大小坏死点

图7-10　患鹅脾脏肿大，表面散布灰白色
针尖大小坏死点

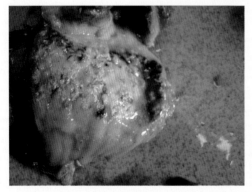

图7-11　患鹅腺胃壁增厚，腺胃黏膜
出血、坏死

图7-12　患鹅肾脏肿大，有程度不等的
尿酸盐沉积

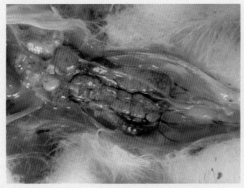

图7-13 患鸭肾脏肿大，有程度不等的尿酸盐沉积

图7-14 产蛋患病鹅部分卵泡充血、出血，卵子变性、坏死

图7-15 产蛋患病鹅部分卵泡充血、出血，卵子变性、坏死

（五）防控措施

1. 预防

由于沙门菌可以垂直传播，所以很多鸭、鹅群都携带病菌，在饲养管理上加强环境卫生和消毒工作，棚舍地面的粪便要及时清除，避免粪便污染饲料和饮水；加强孵化场及孵化用具的清洁卫生，尤其种蛋孵化前必须进行必要的消毒。雏水禽与成年水禽应分开饲养，防止直接或间接接触传染。

2. 治疗

可选用敏感的抗菌药物进行治疗，如环丙沙星、强力霉素、氟哌酸、氟苯尼考等。

八、鸭疫里默氏杆菌病

（一）临床症状

急性病例多见于2~4周龄雏鸭。表现为倦怠、缩颈、不食或少食，眼、鼻有分泌物，腹泻，排淡绿色粪，不愿走动或行动跟不上群，运动失调。濒死前出现神经症状：头颈震颤，角弓反张，尾部轻轻摇摆，不久抽搐死亡。病程一般为1~3d，幸存者生长缓慢。日龄较大的雏鸭（4~7周龄）多呈亚急性或慢性经过，病程达一周或一周以上。病鸭表现除上述临诊症状外，有时出现头颈歪斜，遇有惊扰时不断鸣叫，颈部弯转90°左右，做转圈或倒退运动，这样的病例能长期存活，但发育不良。

（二）剖检变化

最明显的病理变化是纤维素性渗出物，可波及全身浆膜面，包括纤维素性心包炎、肝周炎或气囊炎。中枢神经系统感染可出现纤维素性脑膜炎。少数病例见有输卵管炎，输卵管膨大，内有干酪样物质积蓄。慢性局灶性感染常见于皮肤，偶尔也出现在关节。皮肤病理变化多在背下部和肛门周围的坏死性皮炎；皮肤或脂肪呈黄色，切面呈海绵状，似蜂窝织炎变化；跗关节肿胀，触之有波动感，关节液增量，呈乳白色黏稠状。

（三）临床实践

本病的发生主要通过污染的饲料、饮水、飞沫、尘土等经呼吸道和损伤的皮肤，尤其是脚蹼受伤等途径以水平方式传播。2~3周龄的雏鸭最易感，小鹅亦可感染发病。该病发病率常高达90%以上，死亡率达5%~80%，耐过鸭多成僵鸭，生长迟缓。

（四）病例对照

图8-1至图8-3为临床症状，病雏鸭精神沉郁、缩颈（图8-1），运动失调，头颈震颤，角弓反张（图8-2、图8-3）。图8-4至图8-10为剖检病理变

化，包括气囊炎（图8-4），心包炎（图8-5），早期患病雏鸭肝脏表面覆盖一薄层纤维素性膜，易于剥离（图8-6至图8-8），后期患病雏鸭肝脏表面覆盖厚厚一层纤维素性膜，不易剥离（图8-9、图8-10）。

图8-1　患鸭精神沉郁、缩颈

图8-2　患鸭运动失调

图8-3　患鸭运动失调，头颈震颤，角弓反张

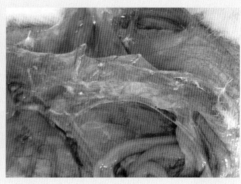

图8-4　患鸭胸气囊浑浊，有纤维素性渗出物

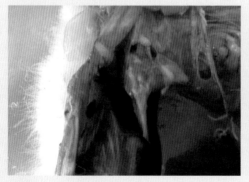

图8-5　患鸭心包覆盖厚厚一层纤维素性膜

图8-6　病雏鸭肝脏表面覆盖一薄层
　　　　纤维素性膜

图 8-7　病雏鸭肝脏表面覆盖一薄层　　　　图 8-8　病雏鸭肝脏表面覆盖一薄层
　　　　纤维素性膜　　　　　　　　　　　　　　　纤维素性膜

图 8-9　患病雏鸭肝脏表面覆盖厚厚一层　　图 8-10　患病雏鸭肝脏表面覆盖厚厚一层
　　　　纤维素性膜，不易剥离　　　　　　　　　纤维素性膜，不易剥离

（五）防控措施

1. 防治

加强饲养管理，改善饲养环境。对鸭群实行科学的饲养管理，保持环境干燥卫生，全进全出。同时采取合理的饲养密度，确保饲料质量，在饲料或饮水中添加电解多维，注意饮水清洁。做好鸭子转群、换料、气候骤变时的饲养管理。严格引种，避免从疫源地引进种苗。

疫苗免疫接种是预防本病较为有效的措施。目前国外研制成的鸭疫里默氏杆菌菌苗有单价和多价灭活菌苗、弱毒疫苗和亚单位疫苗及混合大肠杆菌制成的二联灭活疫苗等，在我国目前应用较多的是各种佐剂的灭活苗，如油佐剂灭活苗、蜂胶佐剂灭活苗和加有其他佐剂的灭活苗。采用灭活疫苗免疫鸭群，一般需要免疫两次才能得到较为有效的保护力，肉鸭在 7~10 天龄进行首次免疫，肌内注射或皮下注射 0.2~0.5mL/ 只，相隔 1~2 周后进行二免，0.5~1mL/ 只；种鸭于 75d、160d、330d 加强免疫三次，能取得较好的防治效果。

2. 治疗

磺胺药物、链霉素、庆大霉素、红霉素、四环素等药物对鸭疫默氏杆菌均有效，但用药时最好先做药敏试验以提高疗效。通常在饲料中添加磺胺二甲基嘧啶，连续喂 3d 效果较好。也可用 10% 氟苯尼考拌料或饮水，每天 2 次，连用 5d。

九、巴氏杆菌病

（一）临床症状

病鸭精神委顿，行动缓慢，常落于鸭群的后面或独蹲一隅，闭目瞌睡。羽毛松乱，两翅下垂，缩头弯颈，食欲减少或不食，渴欲增加，嗉囊内积食不化。口和鼻有黏液流出，呼吸困难，常张口呼吸，病鸭排出腥臭的白色或铜绿色稀粪，有的粪便混有血液。有的病鸭发生气囊炎。病程稍长者可见局部关节肿胀，病鸭发生跛行或完全不能行走，还有见到掌部肿大如核桃，切开见有脓性或干酪样坏死。

成年鹅的症状与鸭相似，仔鹅发病和死亡较成年鹅严重，常以急性为主，精神委顿，食欲废绝，拉稀，喉头有黏稠的分泌物。喙和蹼发紫，眼结膜有出血斑点。

（二）剖检变化

最急性型死亡的病鸭、鹅群无特殊病变，有时只能看见心外膜有少许出血点。

急性病例病变较为特征，患病鸭、鹅心包内充满透明橙黄色渗出物，心包膜、心冠脂肪有出血斑。肺呈多发性肺炎，间有气肿和出血。鼻腔黏膜充血或出血。肝脏肿大，表面有针尖状出血点和灰白色坏死点。肠道以小肠前段和大肠黏膜充血和出血最严重；小肠后段和盲肠较轻。雏鸭为多发性关节炎，主要可见关节面粗糙，附着黄色的干酪样物质或红色的肉芽组织。关节囊增厚，内含有红色浆液或灰黄色、混浊的黏稠液体。

（三）临床实践

本病常为散发，呈急性经过，流行无明显的季节性，但以冷热交替，气候剧变，闷热，潮湿，多雨的时期发生较多。体温失调，抵抗力降低，是本病主要的发病诱因之一。另外，长途运输或频繁迁移，过度疲劳，饲料突变，营养缺乏，寄生虫等也常常诱发此病。因某些疾病的存在造成机体抵抗力降低，易继发本病。

（四）病例对照

图 9-1 至图 9-9 为剖检病理变化，患病鸭心包增厚（图 9-1），心包内充满透明橙黄色渗出物，心包膜、心冠脂肪有出血斑（图 9-2、图 9-3）；肺发性淤血、出血（图 9-1）；患病鸭肝脏肿大，表现有针尖状出血点（图 9-4）和灰白色坏死点（图 9-5）；患病鹅肝脏肿大淤血，表现有针尖状灰白色坏死点（图 9-6）；患病鸭十二指肠黏膜充血、出血（图 9-7），患病鹅十二指肠黏膜严重充血和出血（图 9-8）。

图 9-1 患鸭心包增厚，肺淤血、出血

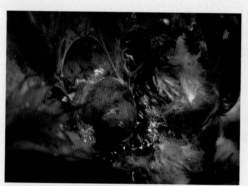

图 9-2 患鸭心包膜、心冠脂肪有出血斑

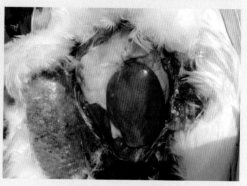

图 9-3 患鸭心包膜、心冠脂肪有出血斑

图 9-4 患鸭肝脏肿大，表现有针尖状出血点

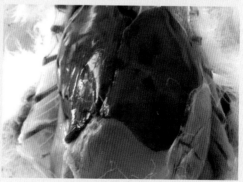

图 9-5 患鸭肝脏表面散布灰白色坏死点

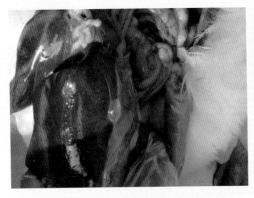

图9-6　患鹅肝脏肿大淤血，表面散布针尖
　　　　状灰白色坏死点

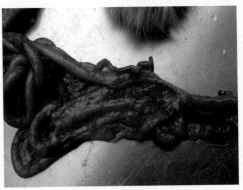

图9-7　患鸭十二指肠黏膜充血、出血

图9-8　患鹅十二指肠黏膜严重充血、出血

（五）防控措施

1. 预防

加强鸭、鹅群的饲养管理，平时严格执行养殖场兽医卫生防疫措施。在常发地区给健康水禽接种禽霍乱菌苗是预防本病发生的有效方法。杜绝从患病禽群中引进水禽。

2. 治疗

鸭、鹅群发病应立即采取治疗措施，有条件的地方应通过药敏试验选择有效药物全群给药。磺胺类药物、红霉素、庆大霉素、环丙沙星、恩诺沙星、喹乙醇均有较好的疗效。对常发地区，本病很难得到有效的控制，可考虑应用疫苗进行预防。在有条件的地方可在本场分离细菌，经鉴定合格后，制作自家灭活苗，定期对鸭、鹅群进行注射。

十、球虫病

（一）临床症状

鸭、鹅球虫病是由球虫感染肠道引起的脱水、出血、甚至死亡的一种疾病。患病幼鸭、鹅精神委顿，缩头垂翅，食欲减少或废绝，渴欲增强，饮水后频频甩头。喜卧，常落群。病初排灰白色带有血液的黏液性粪便，继而排出红色或暗红色带有黏液的稀粪，甚至排出的粪便全部为血凝块。

（二）剖检病变

患鸭常见小肠弥漫性出血性肠炎，肠壁肿胀、出血，黏膜上密布针尖大小的出血点，有的见有红白相间的小点，肠道黏膜粗糙，覆有一层糠麸样或奶酪状黏液，或有淡红色或深红色胶冻样血性黏液。毁灭泰泽球虫主要引起小肠卵黄蒂前后段的病变，而菲莱氏温扬球虫主要引起回肠和直肠病变，通常只表现为充血和出血。

鹅肾球虫病常可见肾的体积肿大至拇指大，由正常的红褐色色变成淡灰黑色或红色，可见到出血斑和针尖大小的灰白色病灶或条纹。在灰白色病灶中含有尿酸盐沉积物和大量卵囊。

鹅肠球虫病患鹅常发生急性卡他性出血性肠炎，小肠肿胀，以小肠中段与下段最严重，其中充满稀薄的红褐色液体及脱落的肠黏膜碎片。小肠黏膜出血、坏死，形成伪膜和肠芯。小肠段可见大的白色结节。

（三）临床实践

以2~3周龄雏鸭最为易感，4~6周龄鸭感染率高，但死亡率低。雏鸭网上饲养时一般不发病，当由网上转为地面饲养时，常可严重发病。本病的发生与气温和湿度有密切的关系，流行季节为4~11月，其中以9~10月份发病率最高。鹅肾球虫病主要发生于3~12周龄的幼鹅。鹅肠球虫病主要发生于2~11周龄的幼鹅，以3周龄以下的鹅多见，常引起急性暴发，呈地方性流行。鸭球虫病只感染鸭，不感染其他水禽。耐过的鸭、鹅生长受阻，增重缓慢。

（四）病例对照

图 10-1 为患病鹅排灰白色带有血液的黏液性粪便（图 10-1）。图 10-2 至图 10-9 为剖检病理变化，患病雏鹅小肠肿胀（图 10-2），肠黏膜脱落，内容物黏稠，呈灰白色（图 10-3），部分病例小肠肿胀，内容物中含有大量血凝块（图 10-4、图 10-5），严重的病例表现为出血性坏死性肠炎（图 10-6）；镜检可见球虫裂殖体（图 10-8、图 10-9）。

图 10-1　患鹅排灰白色带有血液的黏液性粪便

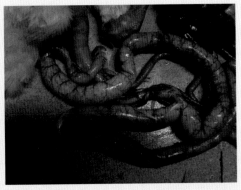

图 10-2　患病鹅小肠肿胀

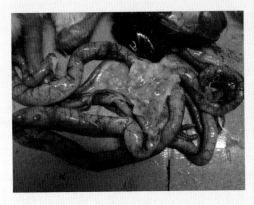

图 10-3　患雏鹅小肠肿胀，肠内容物黏稠，呈灰白色

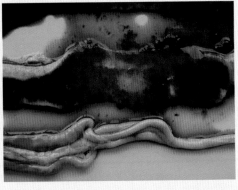

图 10-4　患雏鹅小肠内容物中含有大量血凝块

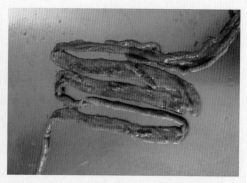

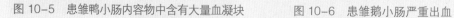

图 10-5　患雏鸭小肠内容物中含有大量血凝块　　　图 10-6　患雏鹅小肠严重出血

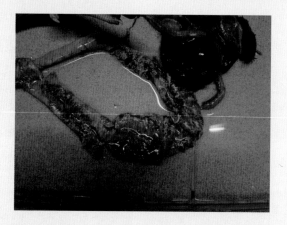

图 10-7　患雏鹅小肠严重出血、坏死

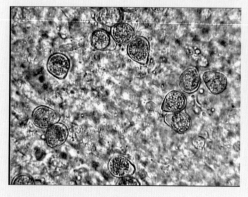

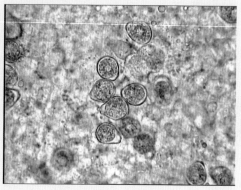

图 10-8　球虫卵囊　　　　　　　　图 10-9　球虫卵囊

（五）防控措施

1. 治疗

对易发球虫的群体可以适量添加药物进行预防，如地克珠利来饮水，如果发病可以使用一些药物来治疗，如磺胺类药物和地克珠利等交替使用。

2. 预防

（1）应用商品化的球虫疫苗来免疫鸭、鹅群，以达到防止该病的发生。

（2）加强饲养管理。鸭、鹅舍要保持一定的干燥，要及时清除粪便。常规的消毒药对球虫没有效果。

参考文献

[1] 陈溥言. 兽医传染病学 [M]. 第 5 版. 北京：中国农业出版社，2006.

[2] Saif Y M. Diseases of poultry（12TH）[M]. 2009.

[3] 陆承平. 兽医微生物学 [M]. 第 5 版. 北京：中国农业出版社，2013.

[4] 杨光友. 动物寄生虫病学 [M]. 第 3 版. 四川：四川科学技术出版社，2009.

[5] 焦库华. 水禽常见病防治图谱 [M]. 上海：上海科学技术出版社，2005.

[6] 郑世民. 动物病理学 [M]. 北京：高等教育出版社，2009.

[7] 崔治中. 动物疾病图谱 [M]. 北京：中国农业出版社，2013.

[8] 李玉峰. 鸭黄病毒感染研究进展 [J]. 中国家禽，2011，33（17）：30-32.

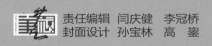

责任编辑 闫庆健 李冠桥
封面设计 孙宝林 高 鋆

ISBN 978-7-5116-1910-5

9 787511 619105 >

定价：19.80元

贵州春玉米

农艺节水抗旱栽培技术研究与应用

◎宋碧 等著

中国农业科学技术出版社